养生汤
调节
免疫力

当中药哥遇上汤姐时 — 著

中国轻工业出版社

编者的话

现在人们的生活节奏快，很多饮食习惯也不健康，再加上平时多久坐、缺乏运动，久而久之，身体容易陷入亚健康状态，就会发出不同的健康警报，例如喉咙干、咳嗽、失眠、湿气重、易疲倦、水肿、心烦气躁、时常没胃口、饱滞等。如不及早调理及保养，这些小病痛不但影响日常生活，更有可能发展成严重的疾病。

其实，只要在家常汤水中添加有对症疗效的中药材，就有助预防及缓解各种恼人的身体小病痛，养成健康好体质。

中药哥、汤姐在本书分享的近百种养生汤水，不但有辅助对症疗效，而且美味好喝，适合一家大小饮用。

中药哥在中药业有40多年的丰富经验，熟悉多种中药的特性及功效，也十分了解身体小病痛的常见起因。而汤姐从10多年前开始在中药店内帮忙，经常与中药哥讨论适合当日的时令汤水及食材，坚持每天为家人煲汤，多年亲身试煮试饮无数款汤水，对煲汤别有一番心得！

中药哥、汤姐推荐的养生汤水，得到了众多街坊的肯定。他们希望通过本书，让即使是煲汤新手，也能够轻松地为家人煲汤养生，调节免疫力，增强体质。

本书旨在普及中医学知识，让读者了解基本理论，并配有各种调理及食疗方案供读者参考。但本书并非医疗手册，也不能代替医生的治疗处方。如果您怀疑自己身患疾病，建议您及时去医院进行检查、治疗。

注：1. 正文中左侧页为汤品或食材示意图，具体用量以右侧页为准。

2. 书中汤水多为南方地区的口味，读者也可根据自己的喜好适当添加一些调料。

目录

01 PART 润肺滋阴

02 PART 化痰止咳

03 PART 增强免疫力

04 PART 舒压助眠

05 PART 祛湿消肿

PART 06 益气健脾胃

PART 07 清热解毒

PART 08 清肝降火

PART 09 舒缓鼻敏感

PART 01

润肺滋阴

▼

身体水分流失或受干燥天气的影响，都易导致阴虚肺燥，让我们的喉咙、皮肤发干，此时很适合饮用能生津润肺、滋阴润燥的汤水，以下几种材料是很好的选择。

黄耳

味甘，含丰富胶质，滋阴养颜，有助缓解肺热、痰多等症状。

银耳

又称平民燕窝，有助滋润生津、养阴润肺。

百合

味甘，有助养阴润肺、止咳、清心安神。

北沙参

有清肺养阴、益胃生津的功效，有助增强人体免疫力。

无花果

富含维生素、膳食纤维，有助缓解水肿、帮助消化。

白果

是银杏的干燥成熟种子，味甘、微苦，富含蛋白质，对人体有一定的滋补作用。

玉竹银耳苹果润燥汤

饮用分量
4~6人

煲汤时间
1小时

难易度
★★

材料

银耳	1朵	栗子干	60克
苹果	2个	南北杏仁	60克
玉竹	30克	瘦肉（可以不放）	500克
干百合	30克		

做法

1 将银耳用清水泡软，去蒂，撕成小片，洗净；将干百合泡软，洗净。

2 将苹果用清水洗净，去核，连皮切块。

3 将其他材料用清水洗净。

4 如要加入瘦肉，切块后氽水备用。

5 锅内加入2000毫升水，将所有材料放入锅内，用小火煲1小时，即可饮用。

功效

养阴润燥，益肺生津，健脾养胃，老少咸宜

玉米无花果淮山雪梨汤

饮用分量
4~6人

煲汤时间
1.5小时

难易度
★★

材料

玉米 ❶	2根	干百合 ❻	30克
无花果干 ❷	4个	玉竹 ❼	30克
雪梨干 ❸	60克	有衣杏仁 ❽	30克
腰果 ❹	60克	瘦肉（可以不放）	500克
脱水淮山 ❺	30克		

做法

1 将玉米去叶，保留玉米须，洗净后切成小段；将干百合泡软，洗净。

2 将其他材料用清水洗净。

3 如要加入瘦肉，切块后氽水备用。

4 锅内加入2000毫升水，将所有材料放入锅内，用小火煲1.5小时，即可享用。

功效

润肺健脾，养阴生津

佛手瓜陈皮百合汤

饮用分量
4~6人

煲汤时间
1.5小时

难易度
★

材料

佛手瓜	2个	薏米	60克
陈皮	1个	有衣杏仁	30克
湘莲[1]	60克	蜜枣	4~5个
干百合	30克	瘦肉（可以不放）	500克

做法

1 将佛手瓜去皮去核，洗净后切成块状；将干百合泡软，洗净。

2 将其他材料用清水洗净。

3 如要加入瘦肉，切块后汆水备用。

4 锅内加入2000毫升水，将所有材料放入锅内，用小火煲
1.5小时，即可享用。

功效

润肺清热，健脾祛湿

---

1 我国莲子以湖南省湘潭市产的湘莲、福建省建宁县产的建莲、浙江省武义县
宣平产的宣莲最为著名，并称为中国的三大莲子。若无湘莲，用普通莲子
也行。

海竹头姬松茸汤

饮用分量
4~6人

煲汤时间
1.5小时

难易度
★★

材料

海竹头	30克	枸杞子	30克
姬松茸	30克	瘦肉（可以不放）	500克
栗子干	60克	或鸡（可以不放）	1只
无花果干	4个	盐	适量
干百合	30克		

做法

1 将姬松茸用清水泡软，洗净；将干百合泡软，洗净。

2 将其他材料（盐除外）用清水洗净。

3 如要加入瘦肉或鸡，切块后汆水备用。

4 锅内加入2000毫升水，将所有材料（盐除外）放入锅内，用小火煲1.5小时。

5 最后加入适量盐调味，即可享用。

功效

润肺生津，增强免疫力

百合龙王杏苹果玉米汤

饮用分量
4~6人

煲汤时间
1小时

难易度
★★

🍜 材料

干百合 ❶	30克	苹果 ❺	2个
龙王杏仁 ❷	60克	玉米 ❻	2根
无花果干 ❸	4个	猪扇骨（可以不放）	500克
陈皮 ❹	1个		

✍ 做法

1 将苹果用清水洗净，去核，再切成小块。

2 将玉米去叶，保留玉米须，洗净后切成小段。

3 将干百合泡软，洗净。

4 将其他材料用清水洗净。

5 如要加入猪扇骨，氽水备用。

6 锅内加入2000毫升水，将所有材料放入锅内，用小火煲1小时，即可饮用。

🍲 功效

养阴润肺，生津健脾胃，利尿消肿

黄耳银耳木瓜润肺汤

饮用分量
4~6人

煲汤时间
1小时

难易度
★★

材料

黄耳	45克	龙王杏仁	60克
银耳	1朵	无花果干	3~4个
木瓜	1个	红枣	8个
干百合	30克	瘦肉（可以不放）	500克
莲子	60克		

做法

1. 将黄耳、银耳用清水泡软，撕成小片，洗净，银耳去蒂；将干百合泡软，洗净。
2. 将木瓜去皮，去瓤、子，洗净后切块。
3. 将其他材料用清水洗净。
4. 如要加入瘦肉，切块后汆水备用。
5. 锅内加入2000毫升水，将所有材料放入锅内，用小火煲1小时，即可饮用。

功效

滋阴润肺，清心安神，益胃生津

白果莲子冬瓜玉米汤

饮用分量
4~6人

煲汤时间
1.5小时

难易度
★★

材料

冬瓜	1000克	花豆	60克
玉米	2根	莲子	30克
薏米	60克	海竹头	30克
白果	60克	蜜枣	4~5个
鹰嘴豆	45克	瘦肉（可以不放）	500克
红腰豆	45克	盐	适量

做法

1 将玉米去叶，保留玉米须，洗净后切成小段；将冬瓜洗净，去瓤，切块。

2 将其他材料（盐除外）用清水洗净。

3 如要加入瘦肉，切块后汆水备用。

4 锅内加入2000毫升水，将所有材料（盐除外）放入锅内，用小火煲1.5小时。

5 最后加入适量盐调味，即可享用。

功效

清心润肺，清热解暑，利水消肿

木瓜银耳百合汤

饮用分量
4~6人

煲汤时间
1小时

难易度
★★

🥣 材料

银耳 ❶	1朵	无花果干 ❹	4~5个
莲子 ❷	60克	木瓜 ❺	1个
干百合 ❸	30克	瘦肉（可以不放）	500克

🥄 做法

1　将银耳用清水泡软，去蒂，撕成小片，洗净；将干百合泡软，洗净。

2　将木瓜去皮去子，洗净后切成小块。

3　将其他材料用清水洗净。

4　如要加入瘦肉，切块后汆水备用。

5　锅内加入2000毫升水，将所有材料放入锅内，用小火煲1小时，即可享用。

🍲 功效

滋阴润肺，养心健脾

佛手瓜玉竹胡萝卜汤

饮用分量
4~6人

煲汤时间
1小时

难易度
★★

材料

佛手瓜	2个	莲子	30克
胡萝卜	1根	龙王杏仁	30克
白背木耳[1]	少许	蜜枣	4个
玉竹	30克	猪脊骨（可以不放）	500克
干百合	30克	盐	适量

做法

1 将白背木耳用清水泡软，去蒂，撕成小片；将干百合泡软，洗净。

2 将佛手瓜去皮去子，洗净后切块。

3 将胡萝卜去皮，洗净后切成厚片。

4 将其他材料（盐除外）用清水洗净。

5 如要加入猪脊骨，切块后汆水备用。

6 锅内加入2000毫升水，将所有材料（盐除外）放入锅内，用小火煲1小时。

7 最后加入适量盐调味，即可享用。

功效

清心除烦，润燥养颜，润肺益胃

---

1 白背木耳又称毛木耳，正面是黑色，背面是灰白色的，且有一层细小的茸毛，对辅助治疗心脑血管疾病有一定帮助。若无白背木耳，用普通木耳也行。

剑花陈皮猪蹄汤

饮用分量
4~6人

煲汤时间
1.5小时

难易度
★★

材料

剑花 （霸王花）　90克

陈皮 　1个

南北杏仁 　60克

无花果干 ❹　4~5个

猪蹄　500克

盐　适量

做法

1 将剑花用清水浸泡15分钟，洗净。

2 将猪蹄洗净，切块后汆水备用。

3 将其他材料（盐除外）用清水洗净。

4 锅内加入2000毫升水，将所有材料（盐除外）放入锅内，用小火煲1.5小时。

5 最后加入适量盐调味，即可享用。

功效

清心润肺，健胃润肠

银耳沙参玉竹汤

饮用分量
4~6人

煲汤时间
1小时

难易度
★★

材料

银耳	1朵	龙王杏仁	60克
北沙参	45克	无花果干	4~5个
玉竹	30克	瘦肉（可以不放）	500克
干百合	30克		

做法

1 将银耳用清水泡软，去蒂，撕成小片，洗净；将干百合泡软，洗净。

2 将其他材料用清水洗净。

3 如要加入瘦肉，切块后汆水备用。

4 锅内加入2000毫升水，将所有材料放入锅内，用小火煲1小时，即可享用。

功效

养阴润肺，益胃生津，滋润肌肤

双冬花旗参须汤

饮用分量
4~6人

煲汤时间
1.5小时

难易度
★

材料

天冬 ❶	30克	干百合 ❺	30克
麦冬 ❷	30克	蜜枣 ❻	4~5个
花旗参须 ❸	30克	瘦肉（可以不放）	500克
龙王杏仁 ❹	60克	盐	适量

做法

1 将干百合泡软，洗净；将其他材料（盐除外）用清水洗净。

2 如要加入瘦肉，切块后氽水备用。

3 锅内加入2000毫升水，将所有材料（盐除外）放入锅内，用小火煲1.5小时。

4 最后加入适量盐调味，即可享用。

功效

生津，清热，润肺养阴

象拔蚌剑花汤

饮用分量
4~6人

煲汤时间
1.5小时

难易度
★★

材料

象拔蚌干	45克	莲子	30克
剑花	60克	龙王杏仁	60克
脱水淮山	30克	瘦肉	500克
陈皮	1个	盐	适量

做法

1 将剑花用清水浸泡15分钟，洗净。

2 将瘦肉切块后汆水备用。

3 将其他材料（盐除外）用清水洗净。

4 锅内加入2000毫升水，将所有材料（盐除外）放入锅内，用小火煲1.5小时。

5 最后加入适量盐调味，即可享用。

功效

滋阴润燥，养胃健脾

栗子干沙参润肺汤

饮用分量
4~6人

煲汤时间
1小时

难易度
★

材料

佛手瓜 ❶	2个	薏米 ❻	45克
栗子干 ❷	60克	蜜枣	45克
北沙参 ❸	45克	瘦肉（可以不放）	500克
玉竹 ❹	30克	盐	适量
红薏米 ❺	45克		

做法

1　将佛手瓜去皮去子，洗净后切成小块。

2　将其他材料（盐除外）用清水洗净。

3　如要加入瘦肉，切块后氽水备用。

4　锅内加入2000毫升水，将所有材料（盐除外）放入锅内，用小火煲1小时。

5　最后加入适量盐调味，即可享用。

功效

清热润肺，补脾益胃

PART 02

化痰止咳

天气变化时，很多人会因免疫力低而容易感冒，继而引发咳嗽痰多等症状。现在不少人都会选择服用止咳化痰的中成药，但又往往会遇到久咳、痰多这两个顽固的问题，导致久久不能康复。以下是几种典型的有助化痰止咳的材料，试试由汤水入手，或许可以帮助缓解症状。

龙王杏仁

有止咳平喘、润肠通便的作用。

川贝母

性微寒，有助止咳化痰、润燥清肺。

陈皮

带轻微苦味，有燥湿、化痰、理气健脾的作用。

海底椰木瓜止咳养颜汤

饮用分量
4~6人

煲汤时间
1小时

难易度
★★

材料

青木瓜	1个	干百合	30克
海底椰	15克	蜜枣	4个
海玉竹	30克	瘦肉（可以不放）	500克
南北杏仁	30克		

做法

1 将青木瓜去皮去子，切成小块；将干百合泡软，洗净。

2 将其他材料用清水洗净。

3 如要加入瘦肉，切块后汆水备用。

4 锅内加入2000毫升水，将所有材料放入锅内，用小火煲1小时，即可饮用。

功效

止咳清热，补肺生津，润肺养颜

虎乳芝川贝母汤

饮用分量
4~6人

煲汤时间
1.5小时

难易度
★

材料

虎乳芝 ❶	30克	干百合 ❺	30克
川贝母 ❷	30克	蜜枣 ❻	4个
海底椰 ❸	15克	猪扇骨（可以不放）	500克
南北杏仁 ❹	60克	盐	适量

做法

1 将干百合泡软，洗净；将其他材料（盐除外）用清水洗净。

2 如要加入猪扇骨，汆水备用。

3 锅内加入2000毫升水，将所有材料（盐除外）放入锅内，用小火煲1.5小时。

4 最后加入适量盐调味，即可享用。

功效

养阴润肺，化痰止咳

螺头佛手瓜生津汤

饮用分量
4~6人

煲汤时间
1.5小时

难易度
★ ★

材料

螺头	60克	玉竹	30克
佛手瓜	2个	薏米	30克
陈皮	1个	猪扇骨	500克
北沙参	30克	盐	适量

做法

1 将螺头用清水浸泡一晚，洗净。

2 将佛手瓜去皮去核，洗净后切块。

3 将其他材料（盐除外）用清水洗净。

4 将猪扇骨汆水备用。

5 锅内加入2000毫升水，将所有材料（盐除外）放入锅内，用小火煲1.5小时。

6 最后加入适量盐调味，即可享用。

功效

养阴润燥，养胃生津

苹果雪梨海底椰贝母汤

饮用分量
4~6人

煲汤时间
1小时

难易度
★★

材料

材料	分量	材料	分量
川贝母 ❶	30克	北杏仁 ❻	10克
海底椰 ❷	30克	干百合 ❼	30克
海竹头 ❸	30克	雪梨 ❽	1个
无花果干 ❹	4个	苹果 ❾	1个
龙王杏仁 ❺	60克	瘦肉（可以不放）	500克

做法

1 将雪梨、苹果用清水洗净后，留皮去核，切成小块；将干百合泡软，洗净。

2 将其他材料用清水洗净。

3 如要加入瘦肉，切块后汆水备用。

4 锅内加入2000毫升水，将所有材料放入锅内，用小火煲1小时，即可饮用。

功效

化痰止咳，清润生津

陈皮海竹头无花果汤

饮用分量
4~6人

煲汤时间
1小时

难易度
★ ★

材料

海竹头	45克	龙王杏仁	60克
陈皮	1个	无花果干	4个
干百合	30克	苹果	2个
海底椰	30克	瘦肉（可以不放）	500克

做法

1 将苹果用清水洗净后，留皮去核，切成小块；将干百合泡软，洗净。

2 将其他材料用清水洗净。

3 如要加入瘦肉，切块后汆水备用。

4 锅内加入2000毫升水，将所有材料放入锅内，用小火煲1小时，即可饮用。

功效

化痰止咳，润肺养阴

03

增强免疫力

▼

现在很多人都有免疫力低下的表现，想要增强免疫力，除了适量运动外，饮食也是重要的一环，适量摄入一些营养丰富的食物，有助提高身体免疫力，让养生事半功倍，以下几种材料就是很好的选择。

▼

猴头菇

高蛋白、低脂肪，利五
脏、助消化，有助增强
免疫力。

▼

茶树菇

有降胆固醇、降血
压、增强免疫力的
作用。

▼

灰树花

灰树花俗称"舞菇"，有血
管清道夫之称，有助激活
免疫细胞，进而抑制肿瘤
细胞生长。

▼

高丽参

有助生津、安神、补
元气、补脾益肺。

▼

姬松茸

有助降血压、降胆
固醇、提高消化能
力、增强免疫力。

▼

虫草花

有助止咳平喘、壮
阳补肾、增强体力。

灰树花虫草花汤

饮用分量
4~6人

煲汤时间
1小时

难易度
★★

材料

灰树花	30克	玉竹	30克
虫草花	30克	湘莲	60克
核桃仁	60克	蜜枣	4~5个
腰果	60克	瘦肉（可以不放）	500克
北沙参	30克		

做法

1 将灰树花、虫草花用清水浸泡15分钟，洗净。

2 将其他材料用清水洗净。

3 如要加入瘦肉，切块后余水备用。

4 锅内加入2000毫升水，将所有材料放入锅内，用小火煲1小时，即可享用。

功效

养阴润肺，补肾醒脑，增强免疫力

三菇淮杞汤

饮用分量
4~6人

煲汤时间
1.5小时

难易度
★ ★

🥘 材料

脱水淮山 ❶	30克	茶树菇 ❺	30克
枸杞子 ❷	30克	瘦肉（可以不放）	500克
香菇 ❸	30克	盐	适量
猴头菇 ❹	30克		

🍲 做法

1 将香菇用清水浸泡4小时，去蒂备用。

2 将茶树菇、猴头菇用清水浸泡15分钟，洗净。

3 将其他材料（盐除外）用清水洗净。

4 如要加入瘦肉，切块后氽水备用。

5 锅内加入2000毫升水，将所有材料（盐除外）放入锅内，用
小火煲1.5小时。最后加入适量盐调味，即可享用。

🍱 功效

滋养脾胃，抗衰老，增强免疫力

姬松茸猴头菇玉米汤

饮用分量
4~6人

煲汤时间
1.5小时

难易度
★★

材料

姬松茸	60克	湘莲	60克
猴头菇	30克	蜜枣	4~5个
玉米	2根	猪扇骨（可以不放）	500克
脱水淮山	30克	盐	适量
芡实	60克		

做法

1 将猴头菇用清水浸泡15分钟，洗净；将姬松茸用清水泡软，洗净。

2 将玉米去叶，保留玉米须，洗净后切成小段。

3 将其他材料（盐除外）用清水洗净。

4 如要加入猪扇骨，汆水备用。

5 锅内加入2000毫升水，将所有材料（盐除外）放入锅内，用小火煲1.5小时。最后加入适量盐调味，即可享用。

功效

利五脏，助消化，健脾胃，增强免疫力

花旗参沙参百合汤

饮用分量
4~6人

煲汤时间
1.5小时

难易度
★

材料

花旗参 ❶	15克		无花果干 ❺	4~5个
北沙参 ❷	30克		干百合 ❻	30克
海竹头 ❸	30克		瘦肉（可以不放）	500克
龙王杏仁 ❹	60克			

做法

1 将所有材料用清水洗净；将干百合泡软、洗净。

2 如要加入瘦肉，切块后汆水备用。

3 锅内加入2000毫升水，将所有材料放入锅内，用小火煲1.5小时，即可享用。

功效

养阴润肺，生津止渴，滋阴降火，增强免疫力

黄芪党参补气血汤

饮用分量
4~6人

煲汤时间
2小时

难易度
★

材料

黄芪 ❶	60克	脱水淮山 ❺	30克
党参 ❷	30克	白扁豆 ❻	60克
枸杞子 ❸	30克	乌鸡（可以不放）	1只
龙眼肉 ❹	30克	或瘦肉（可以不放）	500克

做法

1 将所有材料用清水洗净。

2 如要加入乌鸡或瘦肉，切块后氽水备用。

3 锅内加入2000毫升水，将所有材料放入锅内，用小火煲2小时，即可享用。

功效

补气补血，健脾开胃，滋补养生，增强免疫力

PART 04

舒压助眠

▼

现在人们生活节奏快、压力大，有时情绪难免大起大落，不能平静下来，心浮气躁也是让人难以入睡的原因之一。除了改变生活习惯，从饮食着手也是一个改善睡眠质量的好办法，本节介绍的几种材料有一定安神助眠的作用。

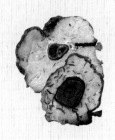

茯神

有助宁心安神、利水祛湿。

酸枣仁

味甘，有助养心益肝、预防失眠。

龙眼肉

用鲜龙眼烘成的干果，有助养血安神、补益心脾。

夜交藤

味甘微苦，有助安神、祛风通经络。

合欢花

性平，有助安神解郁、舒缓心神不安。

太子参酸枣仁桑葚汤

饮用分量
4~6人

煲汤时间
2小时

难易度
★

材料

太子参	15克	霍山石斛（米斛）	10克
酸枣仁	15克	瘦肉	120克
干桑葚	10克		

做法

1 将所有材料用清水洗净。

2 将瘦肉切块后氽水备用。

3 锅内加入2000毫升水，将所有材料放入锅内，用小火煲2小时，即可享用。

功效

养心安神，补气生津

参芪淮杞汤

饮用分量
4~6人

煲汤时间
1.5小时

难易度
★ ★

材料

党参	30克	脱水淮山	45克
黄芪	30克	茯神	30克
龙眼肉	30克	鸡（可以不放）	1只
枸杞子	30克	或瘦肉（可以不放）	500克

做法

1 将所有材料用清水洗净。

2 如要加入鸡或瘦肉，切块后氽水备用。

3 锅内加入2000毫升水，将所有材料放入锅内，用小火煲
1.5小时，即可享用。

功效

宁心安神，补脾益胃，增强免疫力，利水，缓解水肿

淮杞元肉汤

饮用分量
4~6人

煲汤时间
1.5小时

难易度
★ ★

材料

脱水淮山 ❶	30克	枸杞子 ❺	30克
茯神 ❷	30克	龙眼肉（元肉）❻	30克
制芡实 ❸	30克	瘦肉（可以不放）	500克
莲子 ❹	30克	或鸡（可以不放）	1只

做法

1 将所有材料用清水洗净。

2 如要加入瘦肉或鸡，切块汆水备用。

3 锅内加入2000毫升水，将所有材料放入锅内，用小火煲1.5小时，即可享用。

功效

宁心安神，补脾祛湿，益肾固精

淮山芡实陈肾汤

饮用分量
4~6人

煲汤时间
2小时

难易度
★★

材料

脱水淮山 ❶	45克	陈肾 ❺（干鸭肾）	4个
芡实 ❷	30克	蜜枣 ❻	2~3个
茯神 ❸	45克	盐	适量
白扁豆 ❹	60克		

做法

1 将陈肾用清水浸泡30分钟后，汆水备用。

2 将其他材料（盐除外）用清水洗净。

3 锅内加入2000毫升水，将所有材料（盐除外）放入锅内，用小火煲2小时。

4 最后加入适量盐调味，即可享用。

功效

宁心安神，开胃祛湿，健脾益肾

酸枣仁合欢花安神茶

饮用分量
4~6人

煮茶时间
45分钟[1]

难易度
★

材料

酸枣仁	30克		龙眼肉	30克
合欢花	30克		茯神	30克
夜交藤	30克		南枣	6个

做法

1 将所有材料用清水洗净。

2 锅内加入2000毫升水，将所有材料放入锅内，用大火煮沸后，转中小火煮45分钟，即可享用。

功效

养血安神，清心明目，理气解郁，助眠

---

1 煮茶时间指大火煮沸后还需中小火煮45分钟。

黄耳红枣枸杞子糖水

饮用分量
4~6人

煲汤时间
1小时

难易度
★ ★

材料

黄耳	30克	红枣	60克
枸杞子	30克	陈皮	1个
龙眼肉	30克	红糖	适量

做法

1 将黄耳用清水泡软，撕成小片，洗净。

2 将其他材料（红糖除外）用清水洗净。

3 锅内加入2000毫升水，将所有材料（红糖除外）放入锅内，用小火煲1小时。

4 最后加入适量红糖煮化，即可饮用。

功效

宁心安神，补血强心，滋润养颜

茶树菇枸杞子百合汤

饮用分量
4~6人

煲汤时间
1小时

难易度
★★

材料

茶树菇 ❶	30克	海玉竹 ❺	30克
枸杞子 ❷	30克	莲子 ❻	1个
干百合 ❸	45克	鸡（可以不放）	1只
北沙参 ❹	30克	或瘦肉（可以不放）	500克

做法

1 将茶树菇用清水浸泡15分钟，洗净；将干百合泡软，洗净。

2 将其他材料用清水洗净。

3 如要加入鸡或瘦肉，切块后汆水备用。

4 锅内加入2000毫升水，将所有材料放入锅内，用小火煲1小时，即可享用。

功效

降压，清心安神，滋养肠胃

PART 05

祛湿消肿

很多人之所以身体里有太多"湿气"，主要是饮食不当、消化能力不足、气候过于潮湿这三个原因所导致的。除天气因素之外，湿气重其实与人体的脾胃虚弱息息相关，脾胃虚弱会导致体内运化和输布津液的功能失调，从而形成湿气藏于体内不能排出。如果想要达到最佳祛湿效果，就要同时健脾胃，本节介绍的材料有助祛湿消肿、健脾益胃。

薏米

有助利水渗湿、消水肿，健脾益胃。

玉米

有助健脾益胃、帮助肠胃蠕动、防便秘。玉米须也有利水、祛湿热、消肿等功效。

白眉豆

有助健脾、利水祛湿、消水肿。

红薏米

有助健脾祛湿、利水消肿，让皮肤有光泽。

花豆

有祛肾湿、脾湿、利尿消肿的作用，帮助排走身体内多余水分。

白扁豆

有助祛湿消暑、益气健脾。

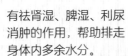

栗子莲子花豆茯神汤

饮用分量
4~6人

煲汤时间
1.5小时

难易度
★★

材料

茯神	45克	花豆	30克
莲子	60克	脱水淮山	30克
栗子干	60克	蜜枣	2个
玉米	1根	猪扇骨（可以不放）	500克
薏米	30克	盐	适量

做法

1 将玉米去叶，保留玉米须，洗净后切成小段。

2 将其他材料（盐除外）用清水洗净。

3 如要加入猪扇骨，余水备用。

4 锅内加入2000毫升水，将所有材料（盐除外）放入锅内，用
小火煲1.5小时。

5 最后加入适量盐调味，即可享用。

功效

健脾祛湿，利水消肿，宁心安神

老黄瓜赤小豆白扁豆汤

饮用分量
4~6人

煲汤时间
2小时

难易度
★★

材料

老黄瓜 ❶	1根	荷叶 ❼	1小片
白扁豆 ❷	60克	莲蓬 ❽	1个
赤小豆 ❸	60克	蜜枣 ❾	3~4个
薏米 ❹	30克	猪扇骨（可以不放）	500克
茯神 ❺	30克	盐	适量
灯芯草 ❻	3克		

做法

1 将老黄瓜留皮去瓤、子，洗净后切成小块。

2 将其他材料（盐除外）用清水洗净。

3 如要加入猪扇骨，氽水备用。

4 锅内加入2000毫升水，将所有材料（盐除外）放入锅内，用
  小火煲2小时。

5 最后加入适量盐调味，即可享用。

功效

祛湿安神，消暑解渴

双苓白术祛湿茶

饮用分量
4~6人

煮茶时间
45分钟

难易度
★

材料

猪苓 ❶	30克		泽泻 ❹	30克
云苓[1] ❷	60克		蜜枣 ❺	4个
白术 ❸	30克			

做法

1 将所有材料用清水洗净。

2 锅内加入2000毫升水,将所有材料放入锅内,用小火煮45分钟后即可享用。

功效

利水除湿,补气健脾,宁神安眠

---

1 云苓是茯苓的一种,主要产地在云南省。没有云苓,用普通茯苓也行。

霍山石斛参芪汤

饮用分量
4~6人

煲汤时间
2小时

难易度
★★

材料

霍山石斛（米斛）	15克	海竹头	30克
党参	30克	无花果干	4个
黄芪	30克	茯神	45克
枸杞子	30克	猪腱（可以不放）	500克
脱水淮山	45克	盐	适量

做法

1 将所有材料（盐除外）用清水洗净。

2 如要加入猪腱，切块后氽水备用。

3 锅内加入2000毫升水，将所有材料（盐除外）放入锅内，用小火煲2小时。

4 最后加入适量盐调味，即可饮用。

功效

健脾化湿，护肝养胃，宁心安神

玉米淮山莲子双豆汤

饮用分量
4~6人

煲汤时间
1.5小时

难易度
★★

材料

玉米 ❶	1根	龙王杏仁 ❻	30克
脱水淮山 ❷	30克	蜜枣 ❼	4个
白扁豆 ❸	30克	猪扇骨（可以不放）	500克
花豆 ❹	30克	盐	适量
莲子 ❺	30克		

做法

1 将玉米去叶，保留玉米须，用清水洗净，再切成小段。

2 将其余所有材料（盐除外）用清水洗净。

3 如要加入猪扇骨，氽水备用。

4 锅内加入2000毫升水，将所有材料（盐除外）放入锅内，用小火煲1.5小时。

5 最后加入适量盐调味，即可享用。

功效

利水消肿，健脾开胃，清心安神

双豆鲫鱼汤

饮用分量
4~6人

煲汤时间
1.5小时

难易度
★★★

材料

鲫鱼	1条	蜜枣	2个
赤小豆	240克	姜	3片
白眉豆	120克	盐	适量

做法

1 将鲫鱼去鳞、鳃及内脏，洗净。

2 将其他材料（盐除外）用清水洗净。

3 将煎锅烧热，加入姜片及鲫鱼，煎至鲫鱼两面呈金黄色，盛出备用。

4 将全部材料（盐除外）放入锅内，加入2000毫升水，用大火煲0.5小时至沸腾后，转中小火煲1小时，最后加入适量盐调味，即可享用。

功效

健脾祛湿，利尿消肿，适合脾胃虚弱者

无花果薏米猴头菇汤

饮用分量
4~6人

煲汤时间
1.5小时

难易度
★★

材料

猴头菇	30克	莲子	60克
玉米	2根	无花果干	4~5个
胡萝卜	1根	脱水淮山	30克
红薏米	30克	猪扇骨（可以不放）	500克
薏米	30克	盐	适量

做法

1 将猴头菇用清水浸泡15分钟，洗净。

2 将玉米去叶，保留玉米须，洗净后切成小段。

3 将胡萝卜去皮，洗净后切成小段。

4 将其他材料（盐除外）用清水洗净。

5 如要加入猪扇骨，氽水备用。

6 锅内加入2000毫升水，将所有材料（盐除外）放入锅内，用
  小火煲1.5小时。最后加入适量盐调味，即可享用。

功效

利水祛湿，健脾益胃，帮助消化

五指毛桃化湿健脾汤

饮用分量
4~6人

煲汤时间
1.5小时

难易度
★

材料

党参 ❶	30克	白扁豆 ❻	60克
五指毛桃 ❷	45克	蜜枣 ❼	4个
茯神 ❸	60克	猪骨（可以不放）	500克
牛大力 ❹	30克	盐	适量
花豆 ❺	60克		

做法

1 将所有材料（盐除外）用清水洗净。

2 如要加入猪骨，切块后氽水备用。

3 锅内加入2000毫升水，将所有材料（盐除外）放入锅内，用小火煲1.5小时。

4 最后加入适量盐调味，即可享用。

功效

补气安神，化湿健脾，舒筋活络

玉米茯神祛湿汤

饮用分量
4~6人

煲汤时间
1小时

难易度
★

材料

玉米	1根	薏米	30克
茯神	45克	蜜枣	4个
鹰嘴豆	60克	猪扇骨（可以不放）	500克
花豆	60克	盐	适量

做法

1 将玉米去叶，保留玉米须，洗净后切成小段。

2 将其他材料（盐除外）用清水洗净。

3 如要加入猪扇骨，汆水备用。

4 锅内加入2000毫升水，将所有材料（盐除外）放入锅内，用小火煲1小时。

5 最后加入适量盐调味，即可享用。

功效

健脾祛湿，宁神安眠，利水消肿及美白

冬瓜陈皮茯神汤

饮用分量
4~6人

煲汤时间
1.5小时

难易度
★★

材料

冬瓜 ❶	500~1000克	白扁豆 ❽	60克
陈皮 ❷	1个	薏米 ❾	60克
茯神 ❸	30克	赤小豆 ❿	30克
泽泻 ❹	15克	灯芯草 ⓫	3克
莲蓬 ❺	1个	蜜枣 ⓬	4~5个
湘莲 ❻	60克	瘦肉（可以不放）	500克
荷叶 ❼	半片	盐	适量

做法

1 将冬瓜用清水洗净后，留皮留子，再切成小块。

2 将其他材料（盐除外）用清水洗净。

3 如要加入瘦肉，切块后汆水备用。

4 锅内加入2000毫升水，将所有材料（盐除外）放入锅内，用小火煲1.5小时。

5 最后加入适量盐调味，即可享用。

功效

消暑清热，利水祛湿，清心安神

茶树菇玉米腰果汤

饮用分量
4~6人

煲汤时间
1.5小时

难易度
★★

材料

茶树菇	30克	薏米	30克
玉米	2根	蜜枣	4~5个
湘莲	60克	猪扇骨（可以不放）	500克
腰果	60克	盐	适量
玉竹	30克		

做法

1 将茶树菇用清水浸泡15分钟，洗净。

2 将玉米去叶，保留玉米须，洗净后切成小段。

3 将其他材料（盐除外）用清水洗净。

4 如要加入猪扇骨，汆水备用。

5 锅内加入2000毫升水，将所有材料（盐除外）放入锅内，用
小火煲1.5小时。最后加入适量盐调味，即可享用。

功效

利水祛湿，健脾胃，增强免疫力

木瓜湘莲眉豆花生汤

饮用分量
4~6人

煲汤时间
1小时

难易度
★★

材料

木瓜 ❶	1个	花生米 ❹	60克
湘莲 ❷	60克	红枣 ❺	30克
白眉豆 ❸	60克	瘦肉（可以不放）	500克

做法

1 将木瓜去皮去子后切成小块。

2 将其他材料（盐除外）用清水洗净。

3 如要加入瘦肉，切块后汆水备用。

4 锅内加入2000毫升水，将所有材料放入锅内，用小火煲1小时，即可饮用。

功效

滋润养颜，祛湿健脾

老黄瓜荷叶消暑汤

饮用分量
4~6人

煲汤时间
1.5小时

难易度
★★

材料

老黄瓜	1根	花豆	60克
胡萝卜	1根	荷叶	半片
灯芯草	3克	蜜枣	4~5个
薏米	60克	瘦肉（可以不放）	500克
湘莲	60克	盐	适量

做法

1 将老黄瓜去皮去瓤，洗净后切块。

2 将胡萝卜去皮，洗净后切小块。

3 将其他材料（盐除外）用清水洗净。

4 如要加入瘦肉，切块后氽水备用。

5 锅内加入2000毫升水，将所有材料（盐除外）放入锅内，用
  小火煲1.5小时最后加入适量盐调味，即可享用。

功效

健脾祛湿，利水消肿，清热解暑

三豆五指毛桃汤

饮用分量
4~6人

煲汤时间
1.5小时

难易度
★

材料

五指毛桃 ❶	60克	薏米 ❺	30克
白扁豆 ❷	60克	蜜枣 ❻	4~5个
花豆 ❸	30克	猪脊骨（可以不放）	500克
赤小豆 ❹	30克	盐	适量

做法

1 将所有材料（盐除外）用清水洗净。

2 如要加入猪脊骨，切块后氽水备用。

3 锅内加入2000毫升水，将所有材料（盐除外）放入锅内，用小火煲1.5小时。

4 最后加入适量盐调味，即可享用。

功效

健脾化湿，利水消肿

PART 06

益气健脾胃

▼

当我们摄入食物后，脾胃会负责将食物消化并将营养输布全身，所以脾胃在我们的健康上担当着重要的角色，可以说是人体的气血生化之源。

健脾胃是养生的基础，只要将脾胃底子打好，营养、气血充足，身体就像多了个保护罩，可以更好地抵御病菌的侵害，以下几种材料便是健脾养胃的好选择。

陈肾（干鸭肾）

有助消化，健脾养胃。

制芡实

经盐加工的芡实，有助
补脾祛湿、益肾固精。

太子参

补脾肺，生津益气，有
助舒缓食欲不振。

黑眉豆

含丰富营养，有助利
水消肿、补肾。

墨鱼干

有助益气健胃，补肾
益血。

茶树菇芡实淮山汤

饮用分量
4~6人

煲汤时间
1.5小时

难易度
★

材料

茶树菇	30克	干百合	30克
制芡实	60克	乌鸡（可以不放）	1只
脱水淮山	30克	或瘦肉（可以不放）	500克
枸杞子	30克	盐	适量
龙眼肉	30克		

做法

1 将茶树菇用清水浸泡15分钟，洗净；将干百合泡软，洗净。

2 将其他材料（盐除外）用清水洗净。

3 如要加入乌鸡或瘦肉，切块后氽水备用。

4 锅内加入2000毫升水，将所有材料（盐除外）放入锅内，用
  小火煲1.5小时。

5 最后加入适量盐调味，即可享用。

功效

益胃健脾，抗衰老，增强免疫力

太子参土茯苓汤

饮用分量
4~6人

煲汤时间
1.5小时

难易度
★

材料

太子参 ❶	30克	赤小豆 ❼	30克
土茯苓 ❷	30克	白扁豆 ❽	30克
灯芯草 ❸	3克	蜜枣 ❾	4~5个
脱水淮山 ❹	30克	瘦肉（可以不放）	500克
茯神 ❺	30克	盐	适量
薏米 ❻	30克		

做法

1 将所有材料（盐除外）用清水洗净。

2 如要加入瘦肉，切块后汆水备用。

3 锅内加入2000毫升水，将所有材料（盐除外）放入锅内，用
小火煲1.5小时。

4 最后加入适量盐调味，即可享用。

功效

益气健脾，祛湿解毒

灯芯草茯神老黄瓜汤

饮用分量
4~6人

煲汤时间
1.5小时

难易度
★★

材料

老黄瓜	1根	薏米	30克
灯芯草	3克	脱水淮山	30克
茯神	45克	蜜枣	2~3个
党参	30克	瘦肉（可以不放）	500克
湘莲	60克	盐	适量
栗子干	60克		

做法

1 将老黄瓜去瓤留皮，洗净后切成小块。

2 将其他材料（盐除外）用清水洗净。

3 如要加入瘦肉，切块后汆水备用。

4 锅内加入2000毫升水，将所有材料（盐除外）放入锅内，用
小火煲1.5小时。

5 最后加入适量盐调味，即可饮用。

功效

益气健脾，清心安神

五指毛桃土茯苓汤

饮用分量
4~6人

煲汤时间
1.5小时

难易度
★★

材料

五指毛桃 ❶	60克	薏米 ❻	60克
土茯苓 ❷	30克	茯神 ❼	30克
脱水淮山 ❸	30克	蜜枣 ❽	4~5个
白扁豆 ❹	60克	瘦肉或鸡脚（可以不放）	500克
花豆 ❺	60克	盐	适量

做法

1 将所有材料（盐除外）用清水洗净。

2 如要加入瘦肉或鸡脚，余水备用，瘦肉需切块。

3 锅内加入2000毫升水，将所有材料（盐除外）放入锅内，用小火煲1.5小时。

4 最后加入适量盐调味，即可享用。

功效

益气健脾，清热解毒，利湿消肿

淮山芡实陈肾螺头汤

饮用分量
4~6人

煲汤时间
2小时

难易度
★★

🥗 材料

螺头	60克	白扁豆	60克
陈肾（干鸭肾）	3个	茯神	30克
制芡实	30克	瘦肉	500克
脱水淮山	60克	盐	适量

✍ 做法

1 将螺头用清水浸泡一晚，洗净。

2 将陈肾用清水浸泡30分钟后，汆水备用。

3 将其他材料（盐除外）用清水洗净。

4 将瘦肉切块后汆水备用。

5 锅内加入2000毫升水，将所有材料（盐除外）放入锅内，用
小火煲2小时。

6 最后加入适量盐调味，即可享用。

🍲 功效

补脾健胃，滋阴养肾，宁心安神

黑白眉豆墨鱼木瓜汤

饮用分量
4~6人

煲汤时间
1小时

难易度
★★

材料

黑眉豆 ❶	60克	花生米 ❺	60克
白眉豆 ❷	60克	猪扇骨	30克
墨鱼干 ❸	1个	盐	适量
木瓜 ❹	1个		

做法

1 将墨鱼干（连墨鱼骨）用清水浸泡30分钟，洗净备用。

2 将木瓜去皮去子，洗净后切成小块。

3 将其他材料（盐除外）用清水洗净。

4 将猪扇骨汆水备用。

5 锅内加入2000毫升水，将所有材料（盐除外）放入锅内，用小火煲1小时。

6 最后加入适量盐调味，即可享用。

功效

健脾益胃，滋补肝肾，清润祛湿

益气养心淮杞汤

饮用分量
4~6人

煲汤时间
2小时

难易度
★

🍲 材料

党参 ❶	30克	制芡实 ❺	30克
脱水淮山 ❷	30克	茯神 ❻	30克
枸杞子 ❸	30克	猪扇骨（可以不放）	500克
莲子 ❹	30克		

🥄 做法

1 将所有材料用清水洗净。

2 如要加入猪扇骨，氽水备用。

3 锅内加入2000毫升水，将所有材料放入锅内，用小火煲2小时，即可饮用。

🍵 功效

益气健脾，养心安神，增强免疫力

赤小豆淮山莲子汤

饮用分量
4~6人

煲汤时间
1.5小时

难易度
★

材料

太子参	30克	赤小豆	30克
脱水淮山	30克	薏米	30克
湘莲	60克	蜜枣	4~5个
陈皮	1个	瘦肉（可以不放）	500克
白扁豆	60克	盐	适量

做法

1 将所有材料（盐除外）用清水洗净。

2 如要加入瘦肉，切块后汆水备用。

3 锅内加入2000毫升水，将所有材料（盐除外）放入锅内，用小火煲1.5小时。

4 最后加入适量盐调味，即可享用。

功效

补肾益气，补脾养胃，利水祛湿

陈皮陈肾菜干汤

饮用分量
4~6人

煲汤时间
1.5小时

难易度
★★

材料

菜干 ❶（白菜干）	1札		蜜枣 ❺	4个
陈皮 ❷	1个		南北杏仁 ❻	30克
陈肾 ❸（干鸭肾）	3个		猪骨	500克
脱水淮山 ❹	30克		盐	适量

做法

1 将菜干用清水浸泡20分钟，洗净。

2 将陈肾用清水浸泡30分钟，氽水备用。

3 将其他材料（盐除外）用清水洗净。

4 如要加入猪骨，切块后氽水备用。

5 锅内加入2000毫升水，将所有材料（盐除外）放入锅内，用小火煲1.5小时。最后加入适量盐调味，即可饮用。

功效

养胃健脾，清热下火

党参莲子栗子汤

饮用分量
4~6人

煲汤时间
1.5小时

难易度
★

材料

党参 ❶	30克	脱水淮山 ❺	30克
湘莲 ❷	60克	蜜枣 ❻	4~5个
栗子干 ❸	60克	猪扇骨（可以不放）	500克
海竹头 ❹	30克	盐	适量

做法

1 将所有材料（盐除外）用清水洗净。

2 如要加入猪扇骨，汆水备用。

3 锅内加入2000毫升水，将所有材料（盐除外）放入锅内，用
小火煲1.5小时。

4 最后加入适量盐调味，即可享用。

功效

补气健脾，润肺生津，益精固肾

太子参麦冬健脾汤

饮用分量
4~6人

煲汤时间
1.5小时

难易度
★

材料

太子参	30克	茯神	30克
麦冬	30克	蜜枣	4个
脱水淮山	60克	瘦肉（可以不放）	500克
芡实	30克	盐	适量

做法

1 将所有材料（盐除外）用清水洗净。

2 如要加入瘦肉，切块后汆水备用。

3 锅内加入2000毫升水，将所有材料（盐除外）放入锅内，用小火煲1.5小时。

4 最后加入适量盐调味，即可享用。

功效

健脾益气，宁心安神

冬瓜党参土茯苓汤

饮用分量
4~6人

煲汤时间
2小时

难易度
★★

材料

冬瓜 ❶	500克	白扁豆 ❽	60克
党参 ❷	30克	莲蓬 ❾	1个
土茯苓 ❸	30克	荷叶 ❿	半片
薏米 ❹	30克	蜜枣 ⓫	4~5个
赤小豆 ❺	30克	茯神 ⓬	30克
灯芯草 ❻	3克	猪扇骨（可以不放）	500克
湘莲 ❼	60克	盐	适量

做法

1 将冬瓜洗净，连皮切成小块（保留瓤、子）。

2 将其他材料（盐除外）用清水洗净。

3 如要加入猪扇骨，氽水备用。

4 锅内加入2000毫升水，将所有材料（盐除外）放入锅内，用小火煲2小时。

5 最后加入适量盐调味，即可享用。

功效

健脾益气，消暑解渴，清热祛湿

花胶元贝节瓜汤

饮用分量
4~6人

煲汤时间
1.5小时

难易度
★★★

材料

花胶	2个	猪扇骨	500克
节瓜	2根	盐	适量
湘莲	30克	葱（切段）	适量
栗子干	60克	姜（切片）	适量
小元贝	30克		

做法

1 将花胶泡发后，加葱段、姜片汆水备用。

2 将节瓜去皮洗净（不用切块，原根煲更清甜）。

3 将猪扇骨汆水备用。

4 将其他材料（盐除外）用清水洗净。

5 锅内加入2000毫升水，将所有材料（花胶、盐除外）放入锅内，用小火煲1小时。

6 再放入花胶煲0.5小时。最后加入适量盐调味，即可享用。

功效

富含蛋白质，特别是胶原蛋白，健脾益胃

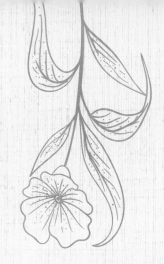

PART 07

清热解毒

▼

现在很多人经常熬夜，生活压力也大，这都容易使身体积存大量毒素，再加上某些地区天气湿热，所以建议在煲汤时加入适量有助清热解毒、利水祛湿的材料，以下五种便是很好的选择。

海藻

有助消痰、利水清热。

生地黄

味甘，有助润燥生津、清
热凉血。

海带

有助利尿、消肿、调
"三高"。

牛皮

有助清热解毒、利水消
肿、预防暗疮。

绿豆

有助消暑、清热解毒。

花旗参须莲子百合汤

饮用分量
4~6人

煲汤时间
1小时

难易度
★

材料

花旗参须	15克	干百合	30克
莲子	30克	蜜枣	4个
龙王杏仁	30克	瘦肉（可以不放）	500克

做法

1 将所有材料用清水洗净；将干百合泡软，洗净。

2 如要加入瘦肉，切块后汆水备用。

3 锅内加入2000毫升水，将所有材料放入锅内，用小火煲1小时，即可享用。

功效

清热降火，益气生津，滋阴清心

淡菜小元贝冬瓜汤

饮用分量
4~6人

煲汤时间
1小时

难易度
★★

材料

淡菜[1]	60克	薏米	30克
小元贝	60克	陈皮	1个
冬瓜	500克	猪扇骨	500克

做法

1 将淡菜用清水浸泡10分钟，洗净。

2 将冬瓜用清水洗净后，连皮连子切成小块。

3 将猪扇骨汆水备用。

4 将其他材料用清水洗净。

5 锅内加入2000毫升水，将所有材料放入锅内，用小火煲1小时，即可享用。

功效

生津解暑，滋阴清热，健脾，补肝肾

---

1 淡菜是贻贝的干制品，主要产于浙江、福建、山东、辽宁等沿海地区。

海带海藻瘦肉汤

饮用分量
4~6人

煲汤时间
1.5小时

难易度
★★

材料

海带 ❶	60克	陈皮 ❺	1个
海藻 ❷	60克	蜜枣 ❻	4个
生地黄 ❸	30克	瘦肉	500克
牛皮 ❹	30克		

做法

1 将海带、海藻用清水浸泡30分钟，洗净。

2 将其他材料用清水洗净。

3 将瘦肉切块后汆水备用。

4 锅内加入2000毫升水，将所有材料放入锅内，用小火煲1.5小时，即可享用。

功效

清热解毒，清除暗疮

荷叶莲子冬瓜汤

饮用分量
4~6人

煲汤时间
1.5小时

难易度
★★

材料

冬瓜	1000克	灯芯草	3克
荷叶	半片	蜜枣	4~5个
湘莲	60克	猪扇骨（可以不放）	500克
红薏米	60克	盐	适量
薏米	60克		

做法

1 将冬瓜用清水洗净后，连皮连子切成小块。

2 将其他材料（盐除外）用清水洗净。

3 如要加入猪扇骨，汆水备用。

4 锅内加入2000毫升水，将所有材料（盐除外）放入锅内，用
小火煲1.5小时。

5 最后加入适量盐调味，即可享用。

功效

消暑清热，健脾胃，清心火

花旗参须北沙参玉竹汤

饮用分量
4~6人

煲汤时间
1小时

难易度
★

材料

花旗参须 ❶	30克	龙王杏仁 ❻	60克
莲子 ❷	30克	蜜枣 ❼	4~5个
干百合 ❸	30克	瘦肉（可以不放）	500克
北沙参 ❹	30克	盐	适量
玉竹 ❺	30克		

做法

1 将所有材料（盐除外）用清水洗净；将干百合泡软，洗净。

2 如要加入瘦肉，切块后氽水备用。

3 锅内加入2000毫升水，将所有材料（盐除外）放入锅内，用
  小火煲1小时。

4 最后加入适量盐调味，即可享用。

功效

清热生津，养阴清心

陈皮绿豆乳鸽汤

饮用分量
4~6人

煲汤时间
1小时

难易度
★ ★

 材料 ··

陈皮	1个	乳鸽	1只
干百合	30克	瘦肉	500克
绿豆	120克	盐	适量

做法 ··

1 将乳鸽、瘦肉氽水备用，瘦肉要切块。

2 将干百合泡软，洗净；将其他材料（盐除外）用清水洗净。

3 锅内加入2000毫升水，将所有材料（盐除外）放入锅内，用小火煲1小时。

4 最后加入适量盐调味，即可享用。

功效 ··

清热解毒，除疮祛斑

淮山芡实冬瓜水鸭汤

饮用分量
4~6人

煲汤时间
1.5小时

难易度
★★

🍲 材料

脱水淮山	60克		冬瓜	500~1000克
芡实	30克		水鸭	半只
陈皮	1个		瘦肉	500克
薏米	60克		盐	适量

✍ 做法

1 将冬瓜用清水洗净后，连皮连子切成小块。

2 将其他材料（盐除外）用清水洗净。

3 将水鸭去除内脏，洗净切块，汆水备用。

4 将瘦肉切块后汆水备用。

5 锅内加入2000毫升水，将所有材料（盐除外）放入锅内，用
小火煲1.5小时。

6 最后加入适量盐调味，即可享用。

🍱 功效

清热消暑，祛湿，健脾养胃

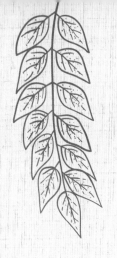

PART 08

清肝降火

当人们生活节奏快、压力大时，经常会难以入睡，继而造成肝火旺盛，再加上季节的转换，肝火更是直线上升。

特别是入秋时，如果摄入的水分不足，肝火简直是一发不可收拾，体内毒素也难以排出体外！本节介绍的几种材料是帮助清肝降火的好选择，善于运用它们，养生事半功倍。

鸡骨草

有助清热、疏肝、祛湿。

菜干（白菜干）

味甘，有助清热除
烦、养心、通肠胃。

霍山石斛（米斛）

有助补肝肾、清肝明
目、疏筋骨、增强免
疫力。

玄参

有助清热凉血、滋阴
解毒。

夏枯草

有助清肝火、消肿止痛。

石斛草

有助养阴清热、益胃
生津。

菜干陈皮淮山汤

饮用分量
4~6人

煲汤时间
1.5小时

难易度
★★

材料

菜干（白菜干）	1札	有衣杏仁	30克
陈皮	1个	蜜枣	4~5个
脱水淮山	30克	猪骨	500克
北杏仁	少许	盐	适量

做法

1 将菜干用清水浸泡20分钟，洗净备用。

2 将其他材料（盐除外）用清水洗净备用。

3 将猪骨切块后汆水备用。

4 锅内加入2000毫升水，将所有材料（盐除外）放入锅内，用小火煲1.5小时。

5 最后加入适量盐调味，即可享用。

功效

清热除燥，润肝降火

云苓白术鸡骨草茶

饮用分量
4~6人

煮茶时间
2.5小时[1]

难易度
★

材料

鸡骨草 ❶	120克	麦冬 ❺	30克
云苓 ❷	60克	白芍 ❻	30克
白术 ❸	60克	薏米 ❼	60克
泽泻 ❹	30克	罗汉果 ❽	1个

做法

1 将鸡骨草用清水浸泡15分钟，洗净。

2 将其他材料用清水洗净。

3 锅内加入2000毫升水，将所有材料放入锅内，用大火煮沸后，转小火煮2.5小时，即可享用。

功效

护肝，清心火，清热祛湿，利水

---

1 煮茶时间指大火煮沸后还需小火煮 2.5 小时。

霍山石斛螺肉汤

饮用分量
4~6人

煲汤时间
2小时

难易度
★

材料

霍山石斛（米斛）	15克	莲子	60克
螺肉	60克	枸杞子	30克
脱水淮山	30克	猪扇骨	500克
茯神	30克	盐	适量

做法

1 将所有材料（盐除外）用清水洗净。

2 将猪扇骨汆水备用。

3 锅内加入2000毫升水，将所有材料（盐除外）放入锅内，用小火煲2小时。

4 最后加入适量盐调味，即可享用。

功效

清肝明目，养心安神

石斛草夏枯草黄豆汤

饮用分量
4~6人

煲汤时间
1小时

难易度
★

材料

石斛草 ❶	120克	蜜枣 ❺	30克
夏枯草 ❷	60克	猪脾（可以不放）	1个
玄参 ❸	60克	或瘦肉（可以不放）	500克
黄豆 ❹	30克		

做法

1 将所有材料用清水洗净。

2 如要加入猪脾或瘦肉，切块后汆水备用。

3 锅内加入2000毫升水，将所有材料放入锅内，用小火煲1小时，即可享用。

功效

清肝明目，滋阴补肾，清热降火

PART 09

舒缓鼻敏感

▼

鼻敏感是常见病，天气转变是导致鼻敏感发作的一大导火索。

鼻敏感患者大多肺气不足，因为肺气能固摄身体里的津液，所以当肺气不足时，津液便会流出体外，主要表现为鼻涕长流、喷嚏不断等。不妨试试以下几种材料，或许能有一些帮助。

▼

辛夷花

有助通鼻窍、祛风，从而舒缓头痛不适、鼻塞。

▼

防风

有助解表祛风、止痛、除湿，从而舒缓风寒、头痛。

▼

薄荷叶

有助疏热散风、利咽疏肝、通鼻，从而舒缓头痛、牙痛等痛症。

▼

路路通

味苦、微辛，有助利水祛湿、祛风通经络。

▼

炒苍耳子

是炒制的植物苍耳的成熟果实，有助宣肺通鼻、祛风散湿。

川贝辛夷花汤

饮用分量
4~6人

煲汤时间
1小时

难易度
★★

材料

川贝母 ❶	30克	辛夷花 ❺	15克
脱水淮山 ❷	30克	无花果干 ❻	4~5个
湘莲 ❸	30克	瘦肉	500克
茯神 ❹	30克	盐	适量

做法

1 将所有材料（盐除外）用清水洗净。

2 将瘦肉切块后汆水备用。

3 将辛夷花放入煲汤隔渣袋内。

4 锅内加入2000毫升水，将所有材料（盐除外）放入锅内，用小火煲1小时。

5 最后将煲汤隔渣袋取出，再加入适量盐调味，即可享用。

功效

通鼻化痰，健脾益胃

鼻敏感茶

饮用分量
4~6人

煮茶时间
1小时[1]

难易度
★

材料

黄芪	30克	薄荷叶	15克
白术	15克	姜（切片）	30克
防风	15克	红枣	6个
炒苍耳子	15克		

做法

1 将所有材料用清水洗净。

2 锅内加入2000毫升水，将所有材料放入锅内，浸泡20分钟。

3 用大火煮沸后，转小火煮1小时，即可饮用。

功效

通鼻塞，预防感冒

---

1 煮茶时间指大火煮沸后还需小火煮1小时。

驱寒茶

饮用分量
4~6人

煮茶时间
1小时

难易度
★

材料

党参 ❶	30克	干百合 ❺	60克
白术 ❷	15克	紫苏叶 ❻	15克
防风 ❸	15克	姜（切片）❼	30克
路路通 ❹	15克	蜜枣 ❽	4~5个

做法

1 将所有材料用清水洗净；将干百合泡软，洗净。

2 锅内加入2000毫升水，将所有材料放入锅内，用小火煮1小时，即可享用。

功效

益气驱寒，舒缓鼻敏感

PART
10

养颜护肤

▼

天气变化、生活压力、饮食习惯等都会影响我们的皮肤状态。例如入秋时，皮肤会容易干燥，所以此时就要注意补水；相反，夏天时，皮肤会较长时间曝露于强烈的阳光下，此时就要注意防晒。当然，饮食和生活习惯也要随着天气转变而调整，以达到护肤的最佳效果，但有些养颜护肤的食材是可以定期食用的，能帮助改善肤质，以下几种材料便是不错的选择。

螺肉

有助补肾滋阴、补脾
胃、养肝。

青边鲍

有助养阴、滋补强身、
降心火。

花胶

富含胶原蛋白，被视
为养颜护肤食品。

鹰嘴豆

有助预防肥胖、缓解
高血压症状。

海参

有助益精补肾、增强免
疫力、减缓衰老。

木瓜银耳美颜汤

饮用分量
4~6人

煲汤时间
1小时

难易度
★★

材料

银耳	1朵	龙王杏仁	30克
木瓜	1个	无花果干	6个
干百合	30克	猪扇骨（可以不放）	500克
莲子	30克		

做法

1 将银耳用清水泡软，去蒂，撕成小片，洗净；将干百合泡软，洗净。

2 将木瓜去皮去瓤、子，切块。

3 将其他材料用清水洗净。

4 如要加入猪扇骨，氽水备用。

5 锅内加入2000毫升水，将所有材料放入锅内，用小火煲1小时，即可享用。

功效

养阴润燥，健脾消食，润肺美颜，排毒，抗氧化

海参花胶鸡脚汤

饮用分量
4~6人

煲汤时间
1小时

难易度
★★

材料

花胶 ❶	120~180克	猪扇骨	500克
海参 ❷	1条	鸡脚	4~6个
元贝 ❸	60克	盐	适量

做法

1 将花胶、海参预先泡发备用。

2 将鸡脚放入花胶备用（这样放入锅内煲，口感更香滑美味）。

3 将其他材料（盐除外）用清水洗净。

4 将猪扇骨汆水备用。

5 锅内加入2000毫升水，将所有材料（盐除外）放入锅内，用小火煲1小时。

6 最后加入适量盐调味，即可享用。

功效

富含蛋白质，特别是胶原蛋白，养颜抗衰老

花胶螺头猪腱汤

饮用分量
4~6人

煲汤时间
2小时

难易度
★ ★ ★

材料

螺头	60克	红枣	6个
猪腱	500克	蜜枣	2个
花胶	2个	姜（切片）	2片
脱水淮山	30克	葱（切段）	2根
枸杞子	30克	盐	适量

做法

1 将螺头用清水浸泡一晚，洗净。

2 在沸水中加入姜片、葱段，放入花胶氽水备用。

3 将猪腱洗净后，切块氽水备用。

4 锅内加入2000毫升水，将所有材料（枸杞子、花胶、盐除外）
   放入锅内，用小火煲1.5小时。

5 最后加入花胶、枸杞子，用小火煲0.5小时，加入适量盐调
   味，即可享用。

功效

富含蛋白质，特别是胶原蛋白，滋阴养颜

鲍螺万有煲鸡汤

饮用分量
4~6人

煲汤时间
3小时

难易度
★★★

材料

青边鲍 ❶	1个	脱水淮山 ❻	30克
螺肉 ❷	60克	枸杞子 ❼	30克
花胶 ❸	2个	鸡 ❽	半只
海参 ❹	1条	金华火腿	少许
元贝 ❺	60克	瘦肉	500克

做法

1 将花胶、海参预先泡发备用。

2 将青边鲍预先解冻备用。

3 将鸡、瘦肉切块后氽水备用。

4 将其他材料用清水洗净。

5 锅内加入2000毫升水，先将青边鲍、螺肉、元贝、脱水淮山、金华火腿、鸡块与瘦肉块放入锅内，用小火煲2.5小时。

6 最后放入海参、花胶、枸杞子煲0.5小时，即可享用。

功效

富含蛋白质，特别是胶原蛋白，滋润养颜

无花果腰果核桃汤

饮用分量
4~6人

煲汤时间
1小时

难易度
★

🥗 材料

无花果干 ❶	4个	红腰豆 ❼	30克
腰果 ❷	60克	红薏米 ❽	30克
核桃仁 ❸	60克	莲子 ❾	30克
白扁豆 ❹	60克	陈皮 ❿	1个
花豆 ❺	30克	瘦肉（可以不放）	500克
鹰嘴豆 ❻	30克		

✍ 做法

1 将所有材料用清水洗净。

2 如要加入瘦肉，切块后氽水备用。

3 锅内加入2000毫升水，将所有材料放入锅内，用小火煲1小时，即可享用。

🍲 功效

富含蛋白质，养心益肾，健脾胃

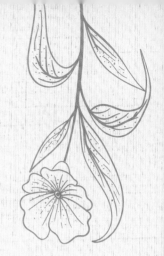

11

消脂调"三高"

何谓"三高"？"三高"通常指高血压、高血脂与高血糖。现在人们的生活水平不断提高，但随之而来的也有越来越大的生活压力，以及越来越不规律的饮食习惯和作息时间，有时甚至会暴饮暴食，这些都使得"三高"成为常见病的代表之一。不妨从煲汤入手，试试以下几种材料，或许有助改善状况。

桑寄生

有助祛风湿、益肝肾、
强筋骨、安胎。

山楂

有助消食化积、行气散
瘀，预防心血管疾病。

丹参

有助调节血糖、降血
压、养胃护肝、增强
免疫力。

白背木耳

有助降血压、降胆固
醇、预防心血管栓塞。

三七片

有助活血化瘀、抗血
管闭塞、止血定痛。

山楂桑寄生丹参汤

饮用分量
4~6人

煲汤时间
1小时

难易度
★

材料

杜仲 ❶	30克	红枣 ❺	60克
干山楂 ❷	15克	白背木耳 ❻	60克
桑寄生 ❸	30克	瘦肉（可以不放）	500克
丹参 ❹	60克		

做法

1 将白背木耳用清水泡软，去蒂撕成小片。

2 将其他材料用清水洗净。

3 将桑寄生放入煲汤隔渣袋。

4 如要加入瘦肉，切块后汆水备用。

5 锅内加入2000毫升水，将所有材料放入锅内，用小火煲1小时，将煲汤隔渣袋取出即可饮用。

功效

调"三高"，补肝肾，强筋骨，抗衰老

霍山石斛杜仲山楂茶

饮用分量
4~6人

煮茶时间
1小时

难易度
★

材料

霍山石斛（米斛）	15克	丹参	60克
杜仲	30克	脱水淮山	30克
干山楂	30克	白背木耳	60克

做法

1 将白背木耳用清水泡软，去蒂撕成小片。

2 将其他材料用清水洗净。

3 锅内加入2000毫升水，将所有材料放入锅内，用小火煮1小时，即可饮用。

功效

益胃生津，明目清肝，降低胆固醇。适合经常熬夜、烟酒过多、用脑也多的人士饮用。

三枣三七茶

饮用分量
4~6人

煮茶时间
1小时

难易度
★

材料

三七片 ❶	15克	丹参 ❺	60克
红枣 ❷	30克	山楂核 ❻	60克
南枣 ❸	6个	茯神 ❼	30克
蜜枣 ❹	2个	白背木耳 ❽	60克

做法

1 将白背木耳用清水泡软，去蒂撕成小片。

2 将其他材料用清水洗净。

3 锅内加入2000毫升水，将所有材料放入锅内，用小火煮1小时，即可享用。

功效

消脂通血管，调"三高"，滋润肌肤

丹参木耳苹果汤

饮用分量
4~6人

煲汤时间
1小时

难易度
★★

材料

苹果	2个	红枣	30克
丹参	30克	白背木耳	60克
山楂核	60克		

做法

1 将白背木耳用清水泡软，去蒂撕成小片。

2 将苹果洗净，去核后连皮切块。

3 将其他材料用清水洗净。

4 锅内加入2000毫升水，将所有材料放入锅内，用小火煲1小时，即可饮用。

功效

消脂通血管，降胆固醇

PART
12

消滞开胃

▼

每逢佳节，不少人的饮食都会比平常更加肥腻，对胃部的刺激也更大。如果脾胃不佳，食物便不能被很好地消化，从而导致胃胀、"食滞"等现象。本节介绍的几种材料都是帮助消食化滞的好材料，善于运用它们，养生事半功倍。

谷芽

有助消谷和胃，利消
化，缓解胀满、胃口
不佳等症状。

麦芽

有助健胃消食、回乳
消胀。

湘莲

有助健脾、养心，改
善脾虚、消化不良等
症状。

山楂核

益胃，有助缓解消
化不良、降血脂。

布渣叶

有助消食化滞、促
进消化、清热祛湿。

山楂核布渣叶茶

饮用分量
4~6人

煮茶时间
45分钟[1]

难易度
★

材料

山楂核	30克	谷芽	60克
布渣叶	30克	蜜枣	4~5个
炒麦芽	60克		

做法

1 将所有材料用清水洗净。

2 将全部材料放入锅内，加入约4000毫升水，用大火煮沸后，转小火煮45分钟，即可享用。

功效

消食解滞，消脂祛湿，帮助消化

---

1 煮茶时间指大火煮沸后还需小火煮 45 分钟。

消滞茶

 饮用分量
4~6人

 煮茶时间
45分钟[1]

 难易度
★

材料

干山楂 ❶	30克	谷芽 ❹	60克
干乌梅 ❷	30克	麦芽 ❺	60克
泽泻 ❸	30克	生甘草 ❻	15克

做法

1 将所有材料用清水洗净。

2 将所有材料放入锅内，加入约4000毫升水，用大火煮沸后，转小火煮45分钟，即可享用。

功效

开胃消滞，祛湿清肠胃

---

1 煮茶时间指大火煮沸后还需小火煮 45 分钟。

双子猴头菇汤

饮用分量
4~6人

煲汤时间
1.5小时

难易度
★★

材料

猴头菇	30克	无花果干	4~5个
湘莲	30克	玉米	2根
栗子干	60克	猪扇骨（可以不放）	500克
干百合	30克	盐	适量

做法

1 将猴头菇用清水浸泡15分钟，洗净；将干百合泡软，洗净。

2 将其他材料（盐除外）用清水洗净。

3 如要加入猪扇骨，汆水备用。

4 锅内加入2000毫升水，将所有材料（盐除外）放入锅内，用小火煲1.5小时。

5 最后加入适量盐调味，即可享用。

功效

助消化，健脾胃，利五脏

PART 13

去骨火

▼

当身体内藏有太多燥火，火会主要集中在骨内，形成骨火，继而令人感到腰酸骨痛，这种情况较常出现在天气潮湿时。所以当天气有所转变时，便是时候在汤里加入以下几种去骨火、祛湿的材料，有助舒缓骨火带来的疼痛，以下几种材料便是很好的选择。

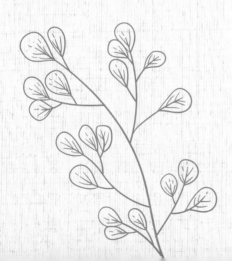

▼

粉葛

有助生津止渴、清热下火，
尤其是去骨火、胃火。

▼

土地骨

有助清热解毒、祛湿除风。

▼

五指毛桃

有助舒筋活络、祛湿、
行气。

▼

老桑枝

有助通经络、祛风、舒
缓风湿痛。

薏米粉葛汤

饮用分量
4~6人

煲汤时间
2小时

难易度
★★

材料

粉葛	500克	花豆	30克
红薏米	30克	茯神	30克
薏米	30克	蜜枣	4~5个
赤小豆	30克	猪脊骨（可以不放）	500克
白扁豆	60克	盐	适量

做法

1 将粉葛去皮后切块。

2 将所有材料（盐除外）用清水洗净。

3 如要加入猪脊骨，切块后汆水备用。

4 锅内加入2000毫升水，将所有材料（盐除外）放入锅内，用小火煲2小时。

5 最后加入适量盐调味，即可享用。

功效

祛湿，去骨火，舒缓肩颈酸痛

老桑枝土地骨汤

饮用分量
4~6人

煲汤时间
1.5小时

难易度
★

材料

老桑枝 ❶	60克	白扁豆 ❻	60克
土地骨 ❷	30克	茯神 ❼	60克
薏米 ❸	60克	蜜枣 ❽	4~5个
赤小豆 ❹	60克	瘦肉（可以不放）	500克
花豆 ❺	30克	盐	适量

做法

1 将所有材料（盐除外）用清水洗净。

2 如要加入瘦肉，切块后汆水备用。

3 锅内加入2000毫升水，将所有材料（盐除外）放入锅内，用小火煲1.5小时。

4 最后加入适量盐调味，即可享用。

功效

去骨火，祛风湿，宁心安神

五指毛桃白扁豆汤

饮用分量
4~6人

煲汤时间
1.5小时

难易度
★

材料

白扁豆 ❶	60克	茯神 ❺	30克
黑豆 ❷	60克	蜜枣 ❻	4~5个
脱水淮山 ❸	30克	猪扇骨（可以不放）	500克
五指毛桃 ❹	60克	盐	适量

做法

1 将所有材料（盐除外）用清水洗净。

2 如要加入猪扇骨，氽水备用。

3 锅内加入2000毫升水，将所有材料（盐除外）放入锅内，用小火煲1.5小时。

4 最后加入适量盐调味，即可享用。

功效

去骨火，祛风湿，宁心安神

PART 14

益智醒脑

无论是小朋友还是大朋友，无论是学习还是工作，都要保持头脑清醒。本节介绍的几种食材都有助补益肝肾、醒脑益智，在日常生活中不妨适量食用，可以令头脑更清醒。

核桃仁

有助补肾醒脑、补肺、通便。

栗子干

有助养胃、健脾补肾，保持头脑清醒。

腰果

富含蛋白质，有助预防心血管疾病，增强免疫力。

枸杞子

有助醒脑提神、清肝明目、延缓衰老。

坚果湘莲醒脑汤

饮用分量
4~6人

煲汤时间
1小时

难易度
★

材料

栗子干	60克	蜜枣	4~5个
核桃仁	60克	玉米	2根
腰果	60克	瘦肉（可以不放）	500克
湘莲	60克	盐	适量
薏米	30克		

做法

1 将玉米去叶，保留玉米须，用清水洗净后切成小段。

2 将其他材料（盐除外）用清水洗净。

3 如要加入瘦肉，切块后余水备用。

4 锅内加入2000毫升水，将所有材料（盐除外）放入锅内，用小火煲1小时。

5 最后加入适量盐调味，即可享用。

功效

补肾醒脑，养胃，滋润，抗衰老

杂豆栗子汤

饮用分量
4~6人

煲汤时间
1小时

难易度
★

🍚 材料

栗子干 ❶	60克	核桃仁 ❻	30克
鹰嘴豆 ❷	30克	白扁豆 ❼	30克
红腰豆 ❸	30克	花豆 ❽	30克
莲子 ❹	60克	瘦肉（可以不放）	500克
腰果 ❺	30克		

🥄 做法

1 将所有材料用清水洗净。

2 如要加入瘦肉，切块后汆水备用。

3 锅内加入2000毫升水，将所有材料放入锅内，用小火煲1小时，即可享用。

🍲 功效

健脑益智，养胃健脾

海玉竹腰果益智汤

饮用分量
4~6人

煲汤时间
1小时

难易度
★

材料

腰果	30克		海玉竹	30克
核桃仁	30克		有衣杏仁	30克
枸杞子	30克		瘦肉（可以不放）	500克
龙眼肉	30克			

做法

1 将所有材料用清水洗净。

2 如要加入瘦肉，切块后汆水备用。

3 锅内加入2000毫升水，将所有材料放入锅内，用小火煲1小时，即可享用。

功效

补肾益智，明目醒脑，养阴润燥

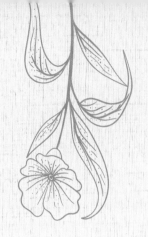

PART 15

强筋骨　利关节

▼

随着年龄的增长，有些人的筋骨可能会出现问题，这种情况可以通过补肝肾、补气血来改善。汤水中加入以下几种材料，便有助在饮食中改善筋骨与关节的健康状况。当然除了饮食外，生活习惯也要加以配合、调整。

▼

土茯苓

有助通利关节、解毒除湿。

▼

杜仲

有助分解胆固醇、脂肪，促进皮肤与骨络中胶原蛋白的合成，补肝肾、强筋骨。

▼

巴戟

有助强筋健骨、补肾阳、祛风湿。

▼

牛大力

有助舒筋活络、舒缓肌肉劳损。

双薏牛大力汤

饮用分量
4~6人

煲汤时间
1.5小时

难易度
★

材料

红薏米	30克	花豆	30克
薏米	30克	茯神	30克
牛大力	30克	蜜枣	4~5个
土茯苓	30克	瘦肉（可以不放）	500克
赤小豆	30克	盐	适量

做法

1 将所有材料（盐除外）用清水洗净。

2 如要加入瘦肉，切块后汆水备用。

3 锅内加入2000毫升水，将所有材料（盐除外）放入锅内，用小火煲1.5小时。

4 最后加入适量盐调味，即可享用。

功效

宁神祛湿，利尿，通络，利关节

沙漠人参杜仲巴戟汤

饮用分量
4~6人

煲汤时间
1.5小时

难易度
★★

🍚 材料

肉苁蓉❶（沙漠人参）	30克	黑豆❼	120克
牛大力❷	30克	茯神❽	30克
桑寄生❸	30克	蜜枣❾	4~5个
党参❹	30克	猪尾骨（可以不放）	500克
杜仲❺	30克	盐	适量
巴戟❻	60克		

🥄 做法

1　将所有材料（盐除外）用清水洗净。

2　如要加入猪尾骨，切块后氽水备用。

3　锅内加入2000毫升水，将所有材料（盐除外）放入锅内，用
　小火煲1.5小时。

4　最后加入适量盐调味，即可享用。

🍲 功效

壮腰补肾，舒筋活络

党参三豆汤

饮用分量
4~6人

煲汤时间
1.5小时

难易度
★ ★

材料

党参	30克	土茯苓	30克
白扁豆	60克	茯神	30克
花豆	30克	蜜枣	4~5个
黑眉豆	30克	瘦肉（可以不放）	500克
薏米	30克	盐	适量
老桑枝	30克		

做法

1 将所有材料（盐除外）用清水洗净。

2 如要加入瘦肉，切块后氽水备用。

3 锅内加入2000毫升水，将所有材料（盐除外）放入锅内，用
小火煲1.5小时。

4 最后加入适量盐调味，即可享用。

功效

益气，祛湿热，利关节

五指毛桃牛大力土茯苓汤

饮用分量
4~6人

煲汤时间
1.5小时

难易度
★★

材料

五指毛桃❶	60克	芡实❻	30克
牛大力❷	30克	脱水淮山❼	30克
土茯苓❸	30克	蜜枣❽	4~5个
莲子❹	60克	瘦肉或鸡脚（可以不放）	500克
花豆❺	30克	盐	适量

做法

1 将所有材料（盐除外）用清水洗净。

2 如要加入瘦肉或鸡脚，余水备用，瘦肉需切块。

3 锅内加入2000毫升水，将所有材料（盐除外）放入锅内，用小火煲1.5小时。

4 最后加入适量盐调味，即可享用。

功效

强筋活络，健脾化湿，清热平肝

桑寄生莲子红枣茶

饮用分量
4~6人

煮茶时间
1小时

难易度
★

材料

桑寄生 ❶	60克	鸡蛋 ❹	4~6个
莲子 ❷	30克	片糖 ❺	30克
红枣 ❸	30克		

做法

1 将全部材料（片糖除外）用清水洗净。

2 将桑寄生放入煲汤隔渣袋内。

3 锅内加入2000毫升水，将所有材料（片糖除外）放入锅内，
用小火煮1小时，将煲汤隔渣袋取出，鸡蛋去壳，加适量片糖
调味即可。

功效

补肝肾，除风湿，强筋健骨，老少咸宜

PART 16

乌发补肾

头发除了会随年纪增长而变白外，也有不少人是因为体内肝肾气血不足，而导致头发不够乌黑。只有当人体肝肾气血充足时，才有足够营养输入毛囊，帮助头发生长，以下几种材料便是乌发补肾的好选择。

▼
黑豆

有助补肾乌发也能帮
助消化。

▼
黑芝麻

有助通便润肠、滋养肝
肾、乌发养颜。

▼
何首乌

有助补益精血、固肾
乌发。

▼
黄精

有助滋肾润肺、补脾
益气。

乌鸡黑豆红枣汤

饮用分量
4~6人

煲汤时间
1.5小时

难易度
★

材料

乌鸡	1只	白术	15克
黑豆	30克	陈皮	1个
红枣	5个	姜	2片
党参	15克		

做法

1 将乌鸡用清水洗净，切块后汆水备用。

2 将其他材料用清水洗净。

3 锅内加入2000毫升水，将所有材料放入锅内，用小火煲1.5小时，即可饮用。

功效

乌发，补气血，滋肝肾

三黑乌发汤

饮用分量
4~6人

煲汤时间
1小时

难易度
★

材料

黑豆 ❶	60克	何首乌 ❹	30克
黑芝麻 ❷	30克	红枣 ❺	12个
黄精 ❸	30克	瘦肉（可以不放）	500克

做法

1 将所有材料用清水洗净。

2 如要加入瘦肉，切块后氽水备用。

3 锅内加入2000毫升水，将所有材料放入锅内，用小火煲1小时，即可饮用。

功效

乌发护发，补肝益肾，润燥利肠

图书在版编目（CIP）数据

养生汤调节免疫力/当中药哥遇上汤姐时著. —北京：
中国轻工业出版社，2021.1

ISBN 978-7-5184-3050-5

Ⅰ.①养… Ⅱ.①当… Ⅲ.①保健－汤菜－菜谱
Ⅳ.①TS972.122

中国版本图书馆CIP数据核字（2020）第114510号

责任编辑：郭　娇　责任终审：张乃東　整体设计：锋尚设计
策划编辑：翟　燕　责任校对：晋　洁　责任监印：张京华

出版发行：中国轻工业出版社（北京东长安街6号，邮编：100740）
印　　刷：北京博海升彩色印刷有限公司
经　　销：各地新华书店
版　　次：2021年1月第1版第1次印刷
开　　本：710×1000　1/16　印张：14.5
字　　数：100千字
书　　号：ISBN 978-7-5184-3050-5　定价：49.80元
邮购电话：010-65241695
发行电话：010-85119835　传真：85113293
网　　址：http://www.chlip.com.cn
Email：club@chlip.com.cn
如发现图书残缺请与我社邮购联系调换
200186S1X101ZYW